我的第一套启蒙百科全书

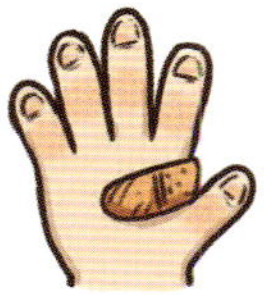

这，危险

于启斋◎编著
梦堡文化◎绘

吉林科学技术出版社

图书在版编目（CIP）数据

这，危险 / 于启斋编著. -- 长春 ： 吉林科学技术出版社, 2023.6
（我的第一套启蒙百科全书）
ISBN 978-7-5578-9187-9

Ⅰ. ①这… Ⅱ. ①于… Ⅲ. ①安全教育－儿童读物 Ⅳ. ①X956-49

中国版本图书馆CIP数据核字(2022)第007701号

我的第一套启蒙百科全书

这，危险

ZHE, WEIXIAN

编　　著　于启斋
副 主 编　赫雨桐　钱宇琦　高荣林
　　　绘　梦堡文化
出 版 人　宛　霞
责任编辑　金钟女　樊莹莹
封面设计　长春美印图文设计有限公司
制　　版　长春美印图文设计有限公司
幅面尺寸　226 mm×240 mm
开　　本　12
印　　张　5
字　　数　65千字
页　　数　60
印　　数　1-6 000册
版　　次　2023年6月第1版
印　　次　2023年6月第1次印刷

出　　版　吉林科学技术出版社
发　　行　吉林科学技术出版社
地　　址　长春市福祉大路5788号出版集团A座
邮　　编　130118
发行部传真 / 电话　0431-81629529　81629530　81629231
　　　　　　　　　81629532　81629533　81629534
储运部电话　0431-86059116
编辑部电话　0431-81629518
印　　刷　辽宁新华印务有限公司

书　　号　ISBN 978-7-5578-9187-9
定　　价　29.90元

目录

CONTENTS

找不到妈妈时

丫丫跟着妈妈一起去赶集，集市上人山人海，卖的东西花样也很多，丫丫很好奇，一会儿争着去看这个，一会儿又去看那个，不知不觉跟妈妈分开了。

镇静，不能哭

“妈妈！妈妈怎么不见了呢！”丫丫一回头，妈妈不见了。她害怕，刚想哭，忽然想起平日里妈妈的教导：“丫丫，遇事要镇静，不能哭！”

原地不动或站高一点

和妈妈走散，妈妈很快就会发现的，会马上返回来找。

“这个时候，要站到原地不动或站得高一点儿。”丫丫想起了妈妈告诉她的话。她按照妈妈说的做，以便回来找她的妈妈及早看到。

不妨到收银台附近

如果是在商场或超市跟妈妈走散，一定不能走出门外。

“这个时候可以到收银台附近，告诉阿姨，你跟妈妈走散了。”丫丫想起了妈妈告诉她的方法，“这里人多，也最安全。”

注意听妈妈呼喊的声音

丫丫注意观察周围的环境。丫丫想：可能妈妈会呼喊我的名字，然后找来，不能错过时机。

及时呼喊妈妈

丫丫忽然听到妈妈呼喊自己的名字，便马上大声应答：“妈妈！我在这里呀！”随后向妈妈跑去。

被惊吓到的妈妈一看到丫丫出现，激动得眼泪顿时掉了下来，急忙抱起勇敢机智的丫丫。

不见妈妈，找警察叔叔

丫丫还记得妈妈告诉她：“找不到妈妈的话，就找警察叔叔。”

记住父母的名字和电话

我们应该牢牢记住家庭成员，尤其是爸爸妈妈的名字和电话，还应该记住家庭住址、门牌号码，以备不时之需。

不跟陌生人走

陌生人是指我们不认识的人。一旦家人不在眼前，我们能不能跟陌生人走呢？

放学后不见妈妈来接

有些人贩子会事先踩点，打听到对方的名字，这样作案成功的可能性会更大！

放学后，同学们都纷纷被家长接走，唯独丫丫的妈妈还没有来，妈妈可是一向守时的呀！

这时一位跟妈妈差不多岁数的女人走到丫丫身边，说："丫丫，你妈妈在加班，让我接你回去。"

丫丫一听大吃一惊，对方竟知道自己的名字。丫丫有礼貌地说："阿姨，我打电话联系一下我妈妈。"对方一听急忙转身就走。

放学后不见爸爸来接

放学后，丫丫始终没有见到爸爸来接她，这段时间都是爸爸来接的呀！

这时一位叔叔走来，对丫丫说："你看别的孩子都走了，我是你爸爸的同事，他让我来接你回家。"

"叔叔，我爸爸叫什么名字呀？"丫丫问，对方对答如流。丫丫喜出望外，正打算跟这位叔叔走呢！忽然，她想起了妈妈的教导，便说："我打电话联系一下我爸爸。"那位叔叔匆匆走了。

得到父母的同意才能跟着走

放学后遇到陌生人来接你，要通过电话跟父母联系后得到确认，才能跟着他们走。否则，坚决不跟着陌生人走。丫丫做得很对呀！

遇到送伞的人，也不能跟着走

放学时，忽然下起了大雨，这时一位打伞的陌生人走到丫丫跟前，说：“孩子，正下着大雨，我打伞送你回家吧！”

丫丫说：“谢谢你！我不能跟着你走！”丫丫做得太对了！

当陌生人强拉你走时的应对

当陌生人强行拉你走时，要马上反抗，争取脱离，并大声呼喊：“救命啊！救命啊！”

谨慎应对陌生人的求助

当有陌生人向你求助时，你应该让他向成年人求助。不能帮陌生人看管东西，拒绝给陌生人带路。

不给陌生人开门

独自在家里也是小朋友们需掌握的一门“必修课”。毕竟家人不可能一直都陪伴着我们，他们总会有有事的时候。一个人在家里，或许会遇到以前没有注意过的事情，那该怎么办呢？

意外的敲门声

“咚咚咚”，一个人在家的丫丫突然听到了自家的敲门声。她本来独自在家就害怕，这不，心怦怦地要跳到嗓子眼了。

丫丫心里马上就紧张起来：敲门声又响了，是开，还是不开呢？

不开，忽然想起了爸爸和妈妈的教导

丫丫情急之中，忽然想起来了爸爸和妈妈的教导：独自一人在家，要从门镜看看是什么人。

是呀，可疑的人往往帽檐低，盖着半个脸，鬼鬼祟祟。

把快递放门口

“家里有人吗？我是送快递的！”从门外传来了声音。

“您送的快递收件人姓名，还有电话是什么呢？”丫丫想起来了，爸爸曾这样教过她。

当送快递的人把收件人的姓名及电话告诉你后，你就可以确定家长的名字和电话对不对了。

“叔叔，请您把快递放到门口吧，或者送到代收点吧！”丫丫说。当确定送快递的人走后，再开门去拿，或者到代收点去取。

修水管的、收电费的，不开门

“我是修水管的，”敲门人说，“你的邻居家里的自来水管坏了，我来看一下你家里的。”

丫丫想到妈妈曾说：“我和你爸爸不在家，修水管的、收电费的，都不要开门。”丫丫当然不开门了。

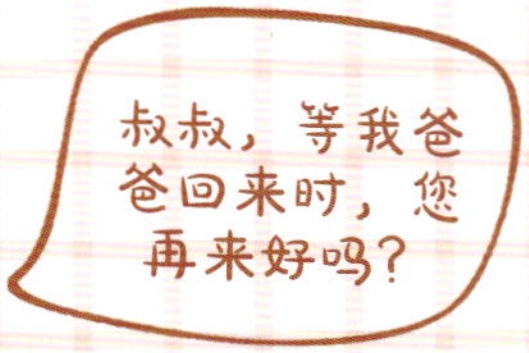

说是爸爸和妈妈的朋友，也不开门

“家里有人吗？”敲门人问。

“叔叔，您找谁呀？”丫丫特意考验对方。

“哦，孩子，”敲门人一听是个孩子，高兴地说，“我是你爸爸的朋友，开门吧。”

“哦，我爸爸的朋友，你知道我爸爸干什么工作吗？”丫丫问。

“这……哦，你爸爸在工厂里。”

“我爸爸是在公安局上班。”丫丫刚说完，敲门人竟悄悄溜走了。

丫丫的爸爸是教师，哪里来的公安局，这是丫丫的计谋。

总之，爸爸和妈妈不在家时，不要盲目开门，免得放进坏人来！

不告诉陌生人家在哪儿

小强带着妹妹小雅到游乐园里玩，玩得时间长了小雅说：“哥哥，我饿了，我们回家吧。”于是，小强带着妹妹朝家的方向走去。

突然出现的陌生人

小强家距离游乐园比较远，他拉着妹妹的手向家里走，突然后面跟来一位陌生人。

陌生人和蔼可亲

陌生人来到小强和小雅跟前，微笑着说：“小朋友，你们要回家吗？”

“是呀！”小雅快言快语。

“你们家住在哪里呀？”陌生人举起手里的包裹，“我这里有朋友的一个包裹，我看看是不是跟你们同路，我们好一起走。”

小强警惕性高

“我家住在……”小雅高兴地刚想说，被小强用手一摇，她收到暗示，打住了！

“我们自己回家就行了。”小强说，“叔叔，你还是先走吧，先把朋友的包裹送去吧！”

陌生人仍然坚持一起走

“不急，我们一起走路，结伴同行。”陌生人微笑着说。他的身体更加靠近小雅了。

小强忽然想起妈妈的教导，遇到陌生人不要跟他搭讪。小强有意识地拉着妹妹小雅慢走，想让陌生人先走。

陌生人胆子更大

谁知，陌生人也慢了下来，更加靠近小雅，拉着小雅的手说：“走，我们到商店给你买点儿好吃的。”

小雅毕竟岁数小，高兴地想跟着陌生人走。

小强大喝一声

小强耳边马上响起了妈妈的话：遇到陌生人拉手，要果断大喝一声，放手！他大喝一声：“你放开我妹妹的手！”

陌生人皮笑肉不笑地说：“我出于好心买点儿好吃的给你们，你怎么能这样！”说完，竟把小雅的手拉得更紧了。

“救命啊！救命啊！”小强当机立断高声喊着。

周围的人纷纷围过来。陌生人急忙松开小雅的手，瞬间躲到人群里去了。

不吃来路不明的食物

当我们遇到来路不明的食物的时候，哪怕我们的嘴再馋，馋得要流口水，也不能吃！

路上捡到一包奶糖

放学后，丫丫和几个同学一起走在回家的路上，他们又说又笑，都乐淘淘地分享着自己知道的趣事怪事。

走在前面的丫丫，忽然发现地上有一小包东西，便弯腰捡起来，仔细一看，啊！是一小包奶糖。

馋嘴猫小瑞一把抢过去，马上拆开，倒出来：“我们一起分了吃吧！”

“好呀！我这几天没有吃糖，都上来馋虫了。”另一个馋嘴猫附和道。

捡到的糖不能吃

丫丫一听大家要分糖吃，马上着急了，她夺回小瑞手里的糖，严肃地说：“大家没有听老师讲过吗，对于不明来路的食物不能吃。”

小瑞见手里的糖被夺走，心里不服地说：“小家子气！”

“是呀，不能吃！”

小江看了看小瑞和另一个想吃糖的同学说：“是呀，不能吃！难道你们忘记老师在课堂上是怎么说的吗？”

“这么好的糖，不吃怪可惜的！”

小瑞说：“这么好的糖一定没有问题，不吃怪可惜的！”说完，他又从丫丫手里夺了过去，跟另一个想吃糖的同学吃了起来。

丫丫见小瑞把糖抢去吃了，没有再说什么。他们继续往家走着。

“不好！我怎么肚子疼起来了呢？”十几分钟后小瑞后悔地说。

“哎呀！我的肚子也疼起来了！”另一个吃糖的同学也跟着喊起来。

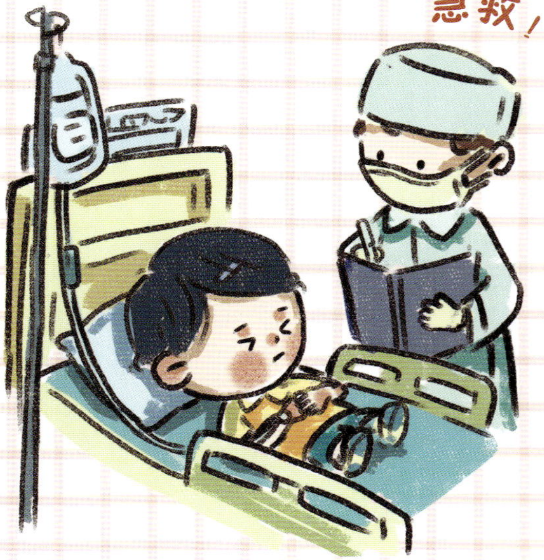

多亏快到小瑞的家门口了，丫丫和几个同学匆匆跑到小瑞家里说明了情况，小瑞的爸爸急忙开着车，拉着小瑞和另一位肚子疼的同学去了医院。经过医生诊断，他们是食物中毒，多亏抢救及时，否则就危险了！

警惕陌生人

生活中，陌生人有很多不确定因素，是有一定危险性的。面对陌生人，我们要提高警惕，千万不要上当！

放学遇陌生人问路

小庞和小凯放学留校打扫卫生，时间用了大约半个小时，所以走在回家的路上，就没有其他同学的身影了。

刚一转弯，从车上下来一个人，那人说：“小朋友，驼峰公园在哪个方向啊？”

小庞用手指了指方向，说：“在前面，左拐。”

陌生人提出带路的要求

陌生人微笑着说：“小朋友真棒，喜欢助人为乐，你能不能带我们去呀？我们是外地人，有点儿急事！”

“我们没有时间，还要回家写作业呢！”小凯回绝了。

陌生人拿出玩具枪诱惑

见小朋友不乐意，那位叔叔从车里拿出一只玩具手枪，对小庞说：“你看这样好不好，你带我们去，回来这玩具枪就送你了。”

“好哇！”小庞从小就喜欢枪，一听说送枪就脱口而出，竟答应了。

小凯一看不好，急忙拉着小庞走

小凯一把拉住了小庞，说：“叔叔，你看前边有警察，你有困难可以去找警察。”随后，拉住小庞急忙走了，他回头一看，车厢里还有一个贼眉鼠眼的司机呢！不觉出了一身冷汗。

小凯说小庞，你怎么会这样相信陌生人呢

小庞说：“这样的好事，你怎么不愿意让我干呢？”

“得了吧！”小凯放开小庞的手，“你没有看到副驾驶室里还有一个人，眼睛放着凶光吗？”

“哦，我倒没有注意呀！”小庞一脸疑惑地说。

“你的心只放到玩具手枪上了！”小凯反驳道。

“不过，我看拿玩具手枪的人，眼神倒是飘忽不定。”小庞有点儿害怕了。

老师叮嘱

骗子常常会假借问路、利用东西引诱、冒充家长朋友等手段，欺骗小朋友，很可能是绑架或贩卖人口，所以大家碰到陌生人，一定要多个心眼儿，提高警惕，避免上当受骗。

危险，电器不能乱碰

我们家里的电器很多，如电冰箱、空调、电烤箱、电视等，以及各种各样的电器插座，这些电器是“电老虎”，一旦触碰了那可了不得！

给妈妈插电风扇要注意安全

丫丫见妈妈洗衣服累得出汗，便去给妈妈打开电风扇，让妈妈凉快一下。

“丫丫，你知道吗，工作中的电风扇有危险，应该远离。”妈妈插着说，“尤其不能把手指伸进电风扇的风罩内；还有，只有把开关关闭，才能拔电风扇的插头。”

距离工作中的洗衣机远一点儿

丫丫个子不高，便垫着脚尖向洗衣机内看。妈妈看到后说：“丫丫，妈妈在洗衣服的时候，你要远离洗衣机，免得‘倒栽葱’掉进去，更不能到洗衣机里捉迷藏。”

远离工作中的电熨斗

妈妈对洗后晾干的衣服要进行烫熨。丫丫好奇地过去看，妈妈拦住了她：“电熨斗温度很高，一不小心就会被烫伤，那是很危险的，所以不要靠近电熨斗。”

不能用手指头去抠插座上的小孔

随着“啪”的一声，丫丫发出“妈呀！”的一声尖叫。妈妈急忙跑过来看，只见丫丫在甩手。“丫丫怎么了？”

“我用手指头抠了插座上的小孔。”丫丫低着头说。

“傻孩子，用手指头抠插座上的小孔，轻者是轻微的触电，像你刚才这样，只是被电了一下。”妈妈语重心长地继续说，“重了就会被电死！要记住，不能这样做，要远离插座！”

其他注意事项

妈妈趁机说：“不能乱碰电器，更不能用湿手、湿布触碰电器，以防发生触电事故；还有电器使用完毕后，要记得拔下插头。小朋友不经家长同意不能使用电器。”

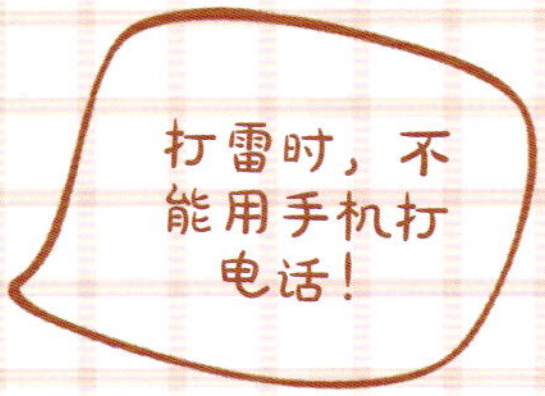

打雷时，不能使用电器

妈妈说：“打雷时，最好不要使用电器！”

滑板我会滑

在公园里，大家踩着滑板，像小燕子一样敏捷、轻松地滑来滑去，让人十分羡慕。你知道学滑板也会有危险吗？

兴趣是动力

丫丫见到他人玩儿滑板好生羡慕，便产生了强烈的学习兴趣。于是，她央求妈妈给自己买个滑板。

初试摔个“仰八叉”

妈妈买来滑板，丫丫高高兴兴地跟随爸爸和妈妈一起来到公园里的滑板场地练习。丫丫看到他人踩踏得很轻松，便急忙上去一踩，不料“哐当”一声摔了个“四脚朝天”。丫丫见没人注意到她，急忙爬了起来，小声说：“丢死人啦！”

不曾想，她的胳臂竟擦破皮，流了一点儿血。

不能一口吃个胖子

爸爸急忙过来，扶着她：“摔疼了吧？”

“岂止疼，简直疼极了！”丫丫哭丧着脸说。

爸爸急忙安慰着：“不能一口吃个胖子，要慢慢练一下基本功。”

于是，爸爸牵着丫丫的手绕起圈来，并告诉她：“你可以慢慢揣摩要领。”

关键是自己揣摩

丫丫笨拙地自己滑起来，像个丑小鸭。她的同学亦凡见到后，对她说：“你看我的动作。”于是，亦凡就给丫丫示范起来：

只见亦凡先左脚站上滑板，右脚支撑地面；再用右脚蹬地，向前紧走几步，滑板滑起来后，就迅速把右脚收到滑板上；等身体保持平衡后，右腿左右抖动，控制着滑板前进。

爸爸保护丫丫继续练习

爸爸对丫丫说：“我牵着你的手，你慢慢向前滑动，我只是配角，不再牵着你前进了。”

丫丫就这样练习起来，爸爸不牵着她时，她也能照常滑行了。

哦，滑板我会滑

丫丫慢慢发现了一些窍门：快动是加速，慢动是减速。还有，左脚是控制方向的，右脚是加速的。两腿交替蹬车，避免疲劳。

“咣当”一声，丫丫又摔倒了，但这一次，她身子一躬竟没有起初那次那么疼了。

丫丫才不怕疼呢！她继续练习。就这样经过反复练习，丫丫找到了感觉，终于学会了滑板。

学滑板注意事项

初学滑板，摔跤是必然的。所以，一定要戴好护具，护膝、护肘、护手、头盔都要戴全了，以防身体受到损伤。

当心文具变凶器

上学了，家长会给我们买来不少学习文具。看着这些自己喜欢的文具，我们总是忍不住想摆弄摆弄。

自动铅笔有尖，不能对着人

丫丫拿出自己心爱的自动铅笔，不停地摆弄着。自动铅笔笔尖可以伸缩！丫丫将笔尖一会儿指向自己，一会儿指向别处。

“笔尖不能对准自己或他人，”妈妈见到后提醒她，“有时候很可能伤到人。”

橡皮擦不能蘸着唾液用

丫丫拿出橡皮擦放到鼻子前闻了闻：“啊！这个橡皮有香味！”随后，她用橡皮擦蘸着唾液擦起来。

“丫丫，这样是很不卫生的！”妈妈提醒道。

铅笔碎屑要整理好

如果是自己动手用铅笔刀削铅笔，削好后要把碎屑整理好，再放到垃圾桶里。

“丫丫很棒，自己的事情自己做，而且做得很好！”妈妈表扬道。

不能把圆规当玩具

“丫丫，不能把圆规等文具当玩具。”妈妈见到后说，“这样可能会出危险的。”

不是什么东西都可以玩的。学习文具就是学习用的，切莫当成玩具来玩。

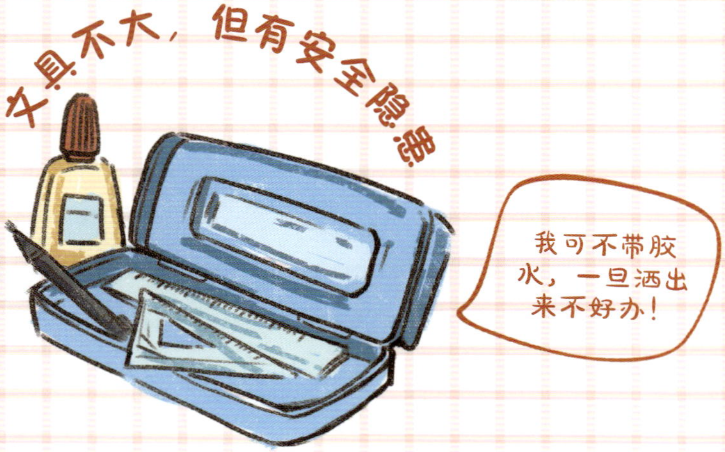

“文具，有时候也有安全隐患。”妈妈说，“如果将胶水弄到眼睛里是非常危险的。”

各种笔、三角板、尺子、胶水等，都是隐形的伤人利器，是不能拿来玩的。

不能拿着文具在人眼前晃来晃去

“不能拿着文具在人眼前晃来晃去，可能会伤到眼睛的。”妈妈提醒道。

管好自己的嘴，不能随便咬文具

“丫丫，不能随便咬文具。”妈妈提醒，“这是很不好的习惯。”

管好自己的嘴很重要，不能养成咬自己文具的坏习惯。有些文具有毒，会危害身体健康。

过马路时

上学过马路是小朋友们的一门“必修课”。过马路时，安全隐患很多，我们可要当心啊！

过马路时，会看交通信号灯

妈妈带着丫丫一边走一边说：“过马路时，要注意看交通信号灯的变化。红灯亮时，不能过马路，停下；绿灯亮时，也要看清左右确实没有车来，才可以过马路；如果走到一半时，信号灯变了，要迅速通过马路。”

随后，妈妈继续说：“路口一般不止一个信号灯，应该看哪一处的灯呢？我们应该看要穿过的马路对面的那盏信号灯。”

出巷和过绿化带时，不能跑

妈妈带着丫丫走出一个巷子口时说：“出巷子口或过绿化带时，可不能急着跑，因为这个时候很可能有车通过，这就危险了。”

妈妈话音刚落，一辆汽车疾驰驶过。“这要是跑过去多危险哪，很可能撞上汽车啦！”

尽可能走过街天桥或地下通道

丫丫要走人行道，妈妈对她说：“我们可以走人行道，不过，这附近还有过街天桥和地下通道，我们可以优先选择过街天桥和地下通道，这样会更安全。”

穿马路时要走直线

妈妈告诫丫丫：“穿马路时，要走直线，不可迂回穿行；在没有人行横道的路段，应先看左边，再看右边，在确认没有机动车通过时，才可以穿越马路。”

不要图省事，乱穿马路

妈妈接着说：“不要图省事，从隔离护栏下过马路，或从斑马线以外的地方过马路。过马路时不能看手机、听歌，更不能踩滑板车。”

交通信号灯的规定

1. 绿灯亮时，准许车辆、行人通行，但转弯的车辆不准妨碍直行的车辆和被放行的行人通行。

2. 黄灯亮时，不准车辆、行人通行，但已越过停止线的车辆和已进入人行横道的行人可以继续通行。

3. 红灯亮时，不准车辆、行人通行。

4. 绿色箭头灯亮时，准许车辆按箭头所示方向通行。

5. 黄灯闪烁时，车辆、行人在确保安全的前提下可以通行。

乘坐地铁时

为了缓解地面上的交通压力，一些大的城市都在地下建造了地铁。地铁也就成了人们经常乘坐的交通工具之一。你知道乘坐地铁时，需要掌握哪些安全常识吗？

正确使用进、出站闸机

周末，丫丫和妈妈要到本市的姥姥家去，需要坐地铁。妈妈来到地铁的入口，使用身份证通过进站闸机。随后妈妈说：“进、出站闸机有学问，待前面的乘客通过及闸门关闭后方可使用。”

候车要在黄色安全线以外

妈妈带着丫丫来到候车地点，站在黄色安全线以外候车。

妈妈说：“乘地铁候车时，一定要看指示牌，确认列车行驶方向，免得乘错车，方向就相反了。候车时，要站在黄色线以外，这样才安全。列车进站时不要探头张望。”

物品落入轨道时，不能自己去捡

因为地铁还没有进站，妈妈又说：“要拿好自己的物品，一旦物品落入轨道，一定不要自己跳下站台去捡取，要求助车站工作人员。”

自觉排队候车，有礼貌，守秩序

丫丫对妈妈说：“妈妈，乘车的学问还不少呢！”

“是呀，”妈妈继续说道，“要自觉排队，不要拥挤，上下车时，要先下后上，不能在车站追逐打闹。”

当车门的蜂鸣器响起，不能用物品挡住车门强行登车

丫丫和妈妈上车后，时间不长，车门的蜂鸣器响起，这告诉我们车门即将关闭。妈妈说：“这个时候就不能登车了，更不能用物品或身体挡住车门，强行登车，这样就会很危险。上车后，有座就坐好，没有座要用手握紧吊环或立柱，靠右边站在黄色线以内，不逆行，不拥挤。不能用身体靠近屏蔽门。”

一旦发生意外，不能惊慌

最后，妈妈说：“乘车时，一旦发生意外，千万不能惊慌，要听从工作人员指挥，做到有序撤离。不要扒门，不要擅自进入隧道，要按照疏散指示标志安全地撤离。”

乘电梯时不忘安全

电梯是人们日常最常用到的垂直交通工具。在高楼中如果没有电梯，上下楼梯简直不可想象！不过，乘电梯也要注意安全。

乘电梯时不能将上行和下行的按钮都按亮

丫丫的家在15层，上下楼都要乘电梯。从丫丫记事起，妈妈就告诉她，乘电梯时，要上去就按“↑”的呼叫按钮，要下去就按“↓”的呼叫按钮，切不能将“↑”和“↓”的呼叫按钮一起按亮，以避免运行装置出现错误，影响电梯正常运转。

乘电梯时不能蹦跳、打闹

有一次，丫丫在电梯里高兴地跳起来。妈妈急忙制止住了她：“丫丫，在电梯里不能随便蹦跳或打闹。否则，可能会导致电梯发生倾斜，出现危险，造成电梯急停。”

丫丫吓得吐了一下舌头：“啊，这么严重啊！妈妈，我记住了！”

乘电梯时楼层数不能乱按

有一次，丫丫和妈妈乘电梯下楼中途，一位阿姨走了进来，顺手按了一下关门按钮，并按了一下自己要去楼层的数字，丫丫觉得好玩，也要伸手去按数字按钮，妈妈急忙按住了她的手，警告说：“丫丫，按钮不能随便乱按，要到几楼就按数字几，我们已经按了。乱按会使电梯乱停，造成能源浪费。”

当电梯突然停电需要自救

电梯突然停电的可能性不大，但也不是那么绝对。妈妈告诉丫丫：“一旦电梯停电，要赶紧拨打电话求救，如果不能打电话，可以按电梯内的红色求助按钮呼救。如果按钮也不可以使用，可以向电梯外大声呼救。”

“好哇，妈妈我记住了！”丫丫很懂事地说。

遇到电梯坠落时的应对

一次丫丫好奇地问：“妈妈，电梯会不会有一天往下坠落呢？”妈妈说：“有这个可能。”

“那里面的人不会被摔到吗？”丫丫十分担心。

“当遇到电梯往下坠落时，首先要固定好自己的身体。”妈妈支招，“可以背部紧靠电梯内壁，膝盖弯曲，并踮起脚尖，这样会保护自己。”

被困在电梯里的自救

丫丫好奇地问妈妈：“乘坐电梯一旦被困在电梯里怎么办呢？”

“按下红色求助键，拨打上面提示的报警电话。如果铃声没有响，赶紧敲击电梯门，并不断大声呼救！”妈妈说，“不要用力拍打或试图扒开电梯门，那样是很危险的！”

上下楼梯不乱跑

上下楼梯是十分平常的事情，但稍微不留神，就会出现意外。所以，上下楼梯时我们要注意安全啊！

上下楼梯时应靠右边有序行走

一次在安全班会上，老师提醒大家：“危险因素无处不在，我们走楼梯也有危险。”

“老师，我们要怎么做才能避免危险哪？”丫丫感到不解。

“我们上下楼梯时，一定靠右边有序行走。不要乱跑，不能随意停下。”

上下楼梯不拥挤推搡

“我们在上下楼梯时一定不要拥挤、推搡，更不能勾肩搭背，不要挤压扶手。”

上下楼梯时不能蹦跳

“我们上下楼梯时，不准跑，不准蹦，尤其是下楼梯更不能蹦，一旦一脚踩空，这是很危险的。”老师说，“注意与同学之间保持一定的距离。”

人多时要手扶栏杆上下楼梯

“还有一点，同学们应该注意。”老师说，“当上下楼梯人多时，一定要手扶栏杆，不要大声喧哗。”

上下楼梯时不能将手插到衣兜里

丫丫说：“老师，上下楼梯原来可能存在这么多问题呀？我平日根本就没有想到过这些问题，以后我们一定要注意上下楼的安全。”

“丫丫同学说得好。”老师说，“同学们都感觉就是上下楼梯，还会有什么危险哪！其实，安全隐患多着哩！还有一点大家要注意，上下楼梯时不能把手插到衣兜里，一旦摔倒，是很危险的。”

楼梯上人多时要顺流而行

“有些问题大家可能忽视了。”老师继续介绍，“当楼道上人多时，不能逆流而行，要顺着人流行走，否则会被挤倒。人多拥挤时，不能捡东西，也不能系鞋带，免得被挤压。一旦有人摔倒了，要马上停下，大声呼救，并告诉后面的人不要再向前靠近了。”

遇到交通标志时

只要留心观察，便会发现在公路上有不少交通标志。小朋友们，你们对这些交通标志了解多少呢？

了解指示标志

指示标志是指示车辆、行人行进的标志，通常为蓝底和白色图案，主色以蓝色为主。

老师在安全课上用大屏幕展示了如左图案后，说：“大家看一看，记一记，看看谁记得快！”

“注意危险”标志是一个大大的感叹号，告诉人们这个路段比较危险，要注意安全。

了解警告标志

警告标志是警告车辆、行人注意危险地点的标志，通常为三角形，黄底黑边图案，主色以黄色为主。

老师展示了警告标志，并对丫丫说：“请你把上面的图案给大家介绍一下。”

了解禁令标志

禁令标志是禁止或限制车辆、行人交通行为的标志，通常为圆形白底红边或红斜杠黑色图案，主色以红色为主。老师展示了禁令标志，对小强说：“请你说一说对这些图案的理解。”

识别交通标志对于出行安全十分重要。我们要记住哟！

窗台危险不能爬

窗户下面是窗台，每个家庭或教室都有。窗台一般比较高，有危险，不要爬！

不能到窗台上玩耍

有些小朋友在地面上玩烦了，便要到高处——窗台上去玩，一旦从上面掉下去，后果不堪设想！

不能借助工具登上窗台

“有些小朋友为了登高，观看更多的美景，便会搬小凳子站着上去，一旦把小凳子踩歪，就有可能摔倒，出现危险！”老师告诉同学们。

不能站在窗台上擦玻璃

丫丫要爬到窗台上去擦玻璃，被老师看到后，说：“丫丫，你的年龄小，不能到窗台上去擦玻璃，免得站不稳掉下去摔着。”

不能在窗台上往下看

小朋友好奇心强，有时会想尽方法爬到窗台往外或往下看有什么好玩儿的。老师告诉同学们：“从窗台上往下看是很危险的，一旦从窗台上失足掉下去，很可能有生命危险。”

远离窗台、阳台

珍爱生命，远离高处

老师要求大家：“不要攀高，高处暗藏危险，一旦在高处失足，是非常危险的。请同学们切记！”

恶作剧搞不得

恶作剧，就是故意与他人开玩笑，戏耍、捉弄对方，让他人陷入窘境使其难堪、吃惊或受到惊吓，自己取乐的行为。实质上，恶作剧是对他人极不尊重的行为，有时候甚至会隐藏安全隐患，导致严重后果。

突然惊吓对方

下课后，大家纷纷跑出教室，有的到操场活动了，有的到图书室阅读了，有的因为卫生区没有打扫干净，去打扫卫生了。丫丫喜欢读书，正在津津有味地读一本课外读物。不料这时班里调皮的小强悄悄走到丫丫身后，大喊一声：“啊！”丫丫吓得身体往上一窜，并大喊：“妈呀！”她心口怦怦乱跳，好长一段时间才恢复。

悄悄勾走凳子

丫丫写完作业，到讲台上让老师面批面改。当丫丫回到座位刚要坐下时，喜欢开玩笑的小强悄悄把丫丫的凳子勾走，丫丫身体落空，直接摔倒，导致尾椎骨骨折。

给同学起外号

丫丫班里的晓瑞有点儿胖，小宁给他起外号，叫他“傻胖子”，这引起了晓瑞的极大反感，让他不要再叫了。结果，小宁把对方的话当作耳边风，再次叫“傻胖子”时，被晓瑞一拳打破了鼓膜。

不能用脚绊人

体育课上，老师让大家分组练习走步要领。丫丫所在的小组正在练习如何走步、立定时，外组的同学小杨轻轻把脚一伸，用脚绊了一下丫丫，结果丫丫一下子摔倒了，嘴被地面碰破了皮。

用铅笔尖扎同学

丫丫正在写作业时，同桌小刚叫丫丫借他橡皮用一下，丫丫没有听见，不料，小刚竟用铅笔尖扎丫丫，结果，丫丫被扎得“啊”了一声。老师了解情况后，狠狠地批评了小刚一番。

恶作剧 不！

坚决同恶作剧说“拜拜”

恶作剧的形式虽然不同，但都会给对方造成伤害，我们应该认识到恶作剧的不良后果，一定不搞恶作剧。一旦发现有人搞恶作剧，应该马上制止。为了保护同学们的安全，我们要同一切恶作剧说“拜拜”！

我的身体不可以碰

男孩女孩小时候在一起玩耍，没有很强的性别意识。但随着年龄的增长，通过对知识的学习，我们应该知道男女是有别的。尤其是女孩子，更应该保护自己的身体，不能让外人随便触碰。

男女体型不一样

男女同学在体型上是不一样的。男同学的发型、体型、脸型、眼睛、鼻子和嘴巴，同女同学有很大的差别。

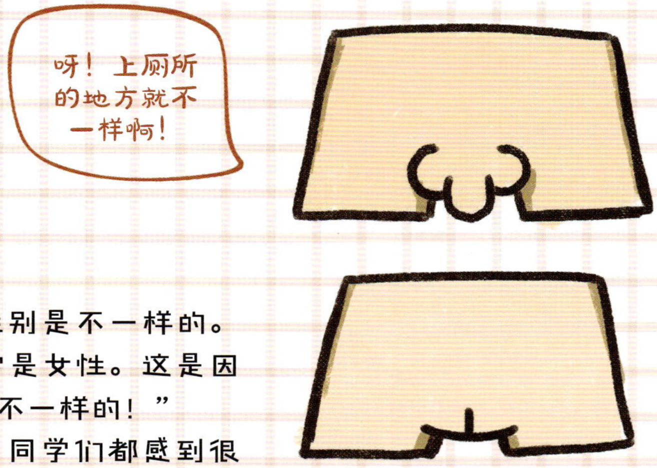

男女性别不一样

老师说：“男女性别是不一样的。男同学是男性，女同学是女性。这是因为男女之间的性器官是不一样的！”

怎么会不一样呢？同学们都感到很好奇，但见到老师发下来的男女模型后，发现果然不一样！

不能看对方大小便

“大家知道了男女不一样后，就不要看对方撒尿和排便了！”老师提醒同学们说道。

不能亲对方

大家午休起来后，丫丫的脸蛋红红的，就像一个熟透的大苹果。小石看到后，靠上去就亲了一口，吓得丫丫哭了起来。老师来到他们面前，说：“小石，你不能亲对方，尤其是不能亲女孩子呀！”随后，又对丫丫说：“见对方要亲你时，要马上说不，并制止，这样才能摆脱对方！”

不能摸对方的肚子

班里的小庞，有点儿胖，挺着一个圆圆的肚子。丫丫觉得好奇，便过去摸了一把：“你这肚子圆滚滚的！”老师看到后，对丫丫说：“不能随便摸人家的肚子，这样太不礼貌了！”

不能碰对方的胸部和臀部

小朋友喜欢动，摸摸这，摸摸那。老师对大家说：“我们的身体很宝贵，一定要保护好！不管是男孩子，还是女孩子，除了妈妈和爸爸外，身体的各个部位都不能让其他人随便碰，一旦有人碰了就要及时告诉爸爸、妈妈或老师！”

一般情况下，女孩子长到5岁后，洗澡时应提醒爸爸注意回避。

受伤后的自我处理

在日常活动时，我们的身体难免会受到各种伤害。那么，面对意外伤害，我们应该怎样处理呢？

烫伤后的处理

丫丫往暖瓶里倒热水时，一不小心手指被烫伤。在这危急时刻，妈妈急忙冲过来：“丫丫，赶快将烫伤的手指用自来水冲一冲。时间要在 20 ~ 30 分钟以上。”随后，妈妈给丫丫烫伤的手指涂上了清凉油（也可以涂烫伤膏）。

要注意：不能用冷水冲的地方，可用毛巾冷敷处理。烫伤后出现的小水泡，不要弄破，避免感染。

烧伤后的处理

小强在帮奶奶做饭时，不小心把手烧伤了。奶奶急忙拉小强到自来水下冲了一会儿受伤的手，然后用碘伏消毒，再用纱布把创面包扎好。

如果情况严重，应该马上送到医院治疗。

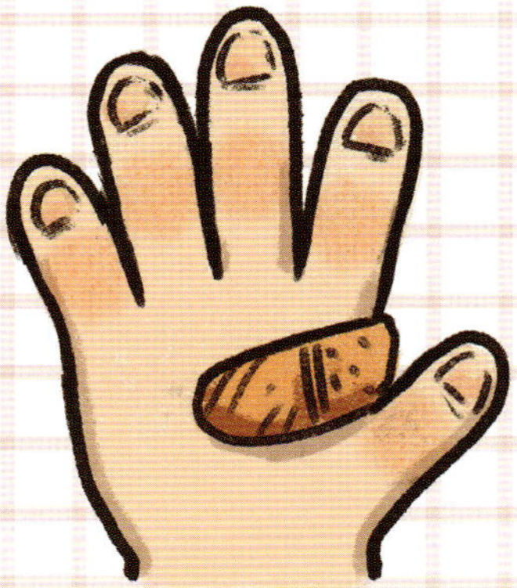

割伤后的处理

小董削铅笔时不慎把手给割伤了。老师见到后，见小董的手挺脏，就带他先来到自来水下冲洗了一下手，并说：“你手上的伤口不是很大，我给你用碘伏消毒后再贴上创可贴就可以了。”

鼻子出血怎么办

在活动课上，小杨一低头，鼻孔竟滴出血来。有学生报告：“老师，小杨鼻子流血了！”

老师走过去，告诉小杨：“你可以稍微低下头，用食指按住鼻翼，按压持续 5 ~ 10 分钟，然后慢慢放下，一般情况下出血便能停止。”小杨急忙照做，过了一会儿，他的鼻子不出血了。

如果还止不住血的话，就应该及时到医院救治了。

刺伤或扎伤的处理

小王在街上玩耍，一不小心，一脚踩到了钉子上，他疼得大哭起来。妈妈闻声赶来，仔细一看，是一枚钉子穿过鞋底，扎到了脚底，妈妈马上给他把钉子拔了出来，用手挤出一些血液，并用碘伏给他消毒。

如果扎得太深，或者钉子断了，要马上到医院处理。如果是生锈的铁钉，还要注射破伤风抗毒素，以防得破伤风。

一旦被木刺、竹刺扎伤，可先用碘伏清理伤口周围，之后用镊子或者指甲钳将残留在皮肤外面的刺夹住，顺着刺入的反方向慢慢将刺拔出来，尽量避免将刺拔断。

被宠物抓伤、咬伤的处理

小孟的胳臂上被小区的宠物狗咬破，还流血，妈妈急忙把小孟带到水龙头下给小孟冲起来，并不断用肥皂水冲洗。“小孟，忍着点儿，妈妈把伤口扒着再用水冲冲，把狗的唾液给冲掉。”冲了十几分钟后，妈妈用纱布将小孟的伤口盖好，急忙送他到医院里处理。

被宠物抓伤、咬伤在按照上面的方式处理后，要在 24 小时之内到医院注射狂犬疫苗等。

必要时拨打特殊的电话

拨打电话是很平常的事情，小朋友一定都拨打过，并且完全掌握了方法。但有三种特殊的电话，你不一定会拨打，或者没有掌握拨打的要领。

报警电话 110

遇到什么情况，可以拨打 110 呢？

老师在大屏幕上展示了如下内容：

当公民人身、财产受到不法侵害，发现国家财产、他人生命财产受到不法侵害，遇到交通、生产等事故和自然灾害，发现刑事、治安案件线索及其他事故苗头，遇到自身不能解决，需公安机关帮助的急、难、险、重等事宜时，可以随时拨打 110。

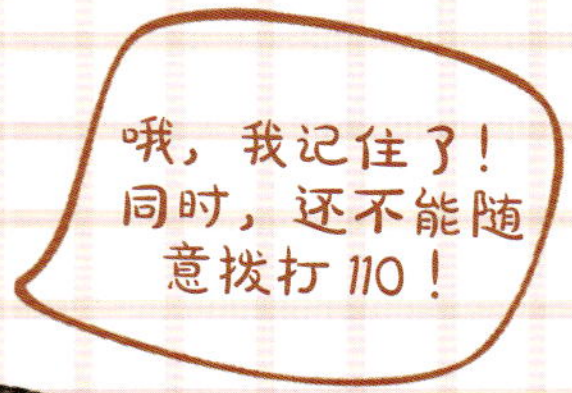

如何拨打 110

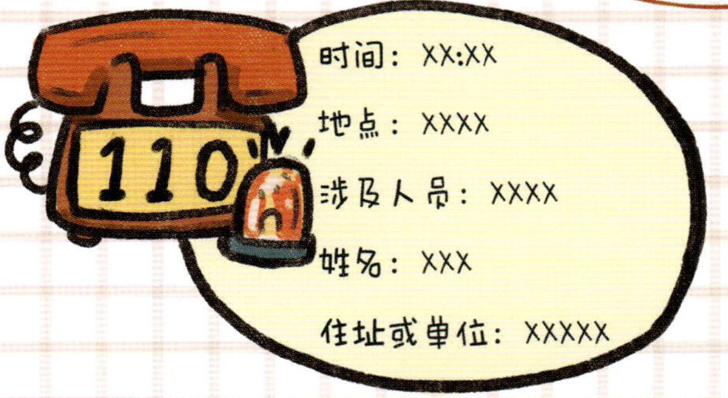

“拨打 110 电话有技巧。”老师介绍，“我们拨打 110 电话后，当你听到对方已经拿起电话时，你要马上确认拨打的电话是 110，对方说是，你要把发生事情的时间、地点、涉及人员及时告诉对方。如果报警时，需要知道你的姓名、住址或单位，以及报警时的电话，你也应该及时提供，以便后面联系。”

在异地拨打案发地的 110 电话时，可先拨打案发地区号，再拨打 110 即可。

急救电话 120

当遇到突发的严重疾病、受伤事故，病人需要及时救治时，可以拨打 120 急救电话。

120 急救车，出动是要收费的。

如何拨打 120

遇到需要紧急到医院抢救的病人，如何拨打 120 呢？

老师在大屏幕上展示了如下内容：

“当拨通 120 后，要将病人的年龄、性别和受伤或发病的原因告诉对方，并说明住所所在的区、街道，或将标志性建筑物等告诉对方。有时间的话，最好带上手机，在救护车必经街道的入口处等待接应，这样可以减少找地址的时间，及早抢救病人！”

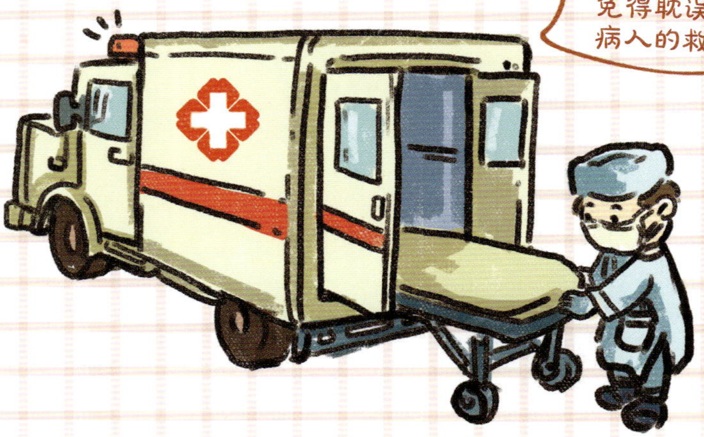

救火电话 119

当发生火灾时，人的生命与财产将会受到严重损失，这个时候可以拨打 119。

119 不仅仅是火警电话，还是其他灾害或事故的抢险救援电话。

如何拨打救火电话 119

当我们发现火警时，要马上拨打 119。

老师在大屏幕上展示了如下内容：

“不论是手机、座机，不用加拨区号。直接拨打‘119’火警电话即可。手机在欠费的情况下，也可以拨打。”

当电话拨通后，准确报出失火方位。说明周围的标志性建筑、火势部位和大小、着火物资等，将知道的所有相关信息及时告诉对方。

注意：119 接到电话出车扑救火灾，不收取单位或个人的任何费用。

自然灾害降临时的自救

自然灾害时有发生。在自然灾害面前，我们应如何应对才能化险为夷，保护自己呢？

当地震发生时

丫丫感到大地在晃动："不好，可能是发生地震了！怎么办呢？"

"哦，想起来了。老师曾说，在室内避震时，最好躲到坚固家具附近、内墙墙根、厕所、厨房。"

如果来得及，必须关掉燃气，停止燃火。

当雷电发生时

早上，丫丫要上学去，妈妈告诉她："天气预报说，今天可能是雷雨天。当遇到雷雨天气时，尽量不要在雨中行走，尤其不要骑自行车。雷雨较大时，身上不能带小刀、雨伞、手表、眼镜、照相机等。不能在独立高耸的建筑物下避雨。如果雷电发生，要关好门窗，不使用电器，拔下电源，更不能打电话！"

当洪水发生时

天在下雨，丫丫问妈妈："当洪水发生时，我们应该怎样自救呀？"

"有组织地向山坡、高地等处撤离。"妈妈说，"如果洪水来势凶猛，立即爬上屋顶、大树、楼房、高墙可以暂时避险，等待救援；如果不慎落入洪水中，可以抓住洪水中漂浮的板块、箱子等，等待救援；避难时，应携带好必备的衣物以御寒，特别要带上必需的饮用水，千万不能喝洪水，以免染上疾病。"

千万不要游泳逃生，不可攀爬带电的电线杆、铁塔，也不要爬到泥坯房的屋顶。

当泥石流发生时

丫丫在看电视，画面上出现了泥石流镜头。她好奇地问："妈妈，当泥石流发生时，我们应该怎样逃生呢？"

"泥石流流动的全过程短则几分钟，长则几个小时。"妈妈解释，"当山区发生泥石流时，应沿着与泥石流运动大致垂直的方向往上爬，以免被掩埋。"

当台风发生时

丫丫问妈妈："当台风来临时，我们应该怎么应对台风呢？"

妈妈说："如果在家里，要待在结实的那间房子里，小心关好门窗；如果在低洼处，要赶紧转移到高处或安全住所；如果正在车上，应该将车开到安全的地方停车。一定不能在临时建筑物、广告牌、大树下躲避台风。"

戴口罩，可以避免空气中微小的颗粒被吸入肺部！

当雾霾发生时

丫丫刚起床，她发现窗户外整个天空都是雾蒙蒙的，是雾霾天气。丫丫急忙问妈妈："雾霾天气时，我们应该怎么办呢？"

"在雾霾天气里，清晨就不能进行户外锻炼了。"妈妈知道得真多，她接着说，"居家不能开窗换气，减少出行，出门戴好口罩，做好自我保护。"

公共场所不忽视安全

公共场所是人们经常聚集、共同活动的场所。在这里也暗藏不少安全隐患，那我们应该注意些什么呢？

公共场所不能燃放烟花爆竹

晚上，丫丫跟着妈妈到附近的游乐场玩耍。一个青年人为了向心上人求婚，竟在游乐场摆上了烟花。不料，烟花在点燃后倒了，直接向周围的人腿部射去，造成一片混乱。妈妈拉着丫丫的手：“这里不安全，我们要火速离开！”

进入公共场所时先记住安全出口、安全通道等的位置

丫丫和妈妈一起逛超市，妈妈说：“丫丫，这家超市我们是第一次来，我们首要的任务不是购物，而是找到这里的安全出口、安全通道，甚至是消防器材的准确位置。”丫丫感到不解，购物后直接走就可以了，看这些干什么呢？于是便问妈妈：“为什么呢？”

“一旦遇到火灾，我们可以迅速撤离！”妈妈告诉她。

避免涌向人多的地方

妈妈趁机告诉丫丫：“在公共场所，一定要远离人群涌动的地方，不能去看热闹。”“为什么要远离呢？”丫丫好奇心强，感到不解。

“人群涌动时，很可能出现踩踏事故，造成人员伤亡。”妈妈和蔼地解释，“什么都没有生命重要哇！”

不围观打斗场面

丫丫跟妈妈一起去市场买菜，不远处有人正在吵闹甚至打斗起来。丫丫想去看一下，毕竟小朋友喜欢凑热闹。妈妈拉着她的手一边远离，一边说："看打斗很危险，小朋友年龄小，判断力差，打斗时可能因躲闪不及受到伤害。"

游乐场的安全

游乐场里有些娱乐项目具有惊险性、刺激性，如高空蹦极、空中飞人、高空秋千等，都是比较惊险的项目。妈妈对丫丫说："这些项目富有冒险性，所以玩时一定要熟悉玩法，尤其是要注意安全事项，要系好安全带，并先后检查几次，确认无误后再玩，切不可心急，忘记安全措施，否则就会出大事！"

当危险发生时

妈妈告诉丫丫："当公共场所发生事故造成拥挤时，要保持头脑冷静。双手抱头，两肘朝外，确保呼吸通畅和心脏不受挤压，用肩部和背部承受外界压力；脚要站直，避免身体被挤到墙壁、栅栏旁边。一旦被挤倒，马上用手抱住后脑勺、两肘支地，让胸部稍微离地，以免被踩踏。"

小心厨房危险

厨房是我们做饭炒菜的地方，美味佳肴都是从这里做出来的。但是，小朋友们是否知道，我们生活离不开的厨房还有不少安全隐患呢！

小心刀具切伤

厨房里，最容易受伤的是手，一不小心就会被刀切伤。一次丫丫要帮助妈妈切菜，妈妈告诉她：“应该将左手的手指缩回，让中指的指关节朝外，右手持刀让刀面紧靠中指指关节，这样就不会切到手指了。当然，刀刃不能超过中指指关节哟。”

小心燃气泄漏

丫丫跟着妈妈学做饭，她感觉闻到了异味，便问：“妈妈，厨房里是不是有异味呢？”

妈妈一闻确实有异味。“丫丫，我光注意干活了，没有留意空气的气味，是有异味，可能是我们家里的燃气有泄漏的现象。”妈妈急忙关闭开关，发现原来是排气管有一个地方由于长期被折，开始泄漏气体了。妈妈换上了一根新的排气管。

平日要注意厨房里通风透气，并留意管道是否严密。

打开燃气后不能在周围使用杀虫剂

夏天蚊虫比较多。妈妈在厨房做饭，有蚊子嗡嗡飞着，她拿起一瓶杀虫剂就要对蚊子喷杀。丫丫看到后，急忙拦住了妈妈：“妈妈，不能在打开燃气后喷洒杀虫剂！”

妈妈停下手，问：“丫丫，这是怎么回事呀？”

“我们老师昨天在课堂上讲过，杀虫剂是可燃剂，在打开燃气后，一旦喷了杀虫剂，可能引起爆炸呀！”

不在燃着的煤气周围倒面粉

粉尘爆炸
好可怕呀！

妈妈在厨房里做饭，叫丫丫：“丫丫，你过来帮我把面粉从袋子倒到小盆里。”

丫丫看着锅下的火焰，严肃地说：“老师前几天告诉我们，燃气燃烧时，不能在周围倒面粉，面粉颗粒很细，可能会引起爆炸！”

燃气打开后不能随便离开

丫丫把饭放到锅里加热时，一看没有事情可做，就离开了厨房，在客厅玩了起来。妈妈看到后，严肃地对丫丫说：“孩子，燃气被打开后，就不能随便离开了，一旦忘了，就可能出现危险。一定要记住哇！”

小心电起火

厨房里，妈妈正在用电饼铛做烤饼。在客厅里玩耍的丫丫忽然闻到焦味，便跑过去：“妈妈，有焦味，是什么原因呢？”妈妈一闻，真有焦味，急忙关闭电饼铛电源，拔下插座，一看插座已经烧焦了。“丫丫，多亏你闻到了，这多危险哪！”

防止异物进入体内

在生活当中，一不小心就可能出现异物进入体内的意外，会给身体造成不适与伤害。倘若面对这种情况，我们该怎么办呢？

吃东西噎着时

丫丫竟被食物噎着了，一时说不出话，妈妈急忙用手掌在她的肩胛骨间猛击四下，可丫丫噎着还是没有好。妈妈立即站在她的背后，抱住她的腰，一手握成拳头，拇指一边靠在肋骨和肚脐间的肚皮上；另一只手抓住握拳的手，快速向上猛压。重复几次，丫丫才把食物吐了出来。

千万不能用手去抠嗓子扣食物，也不能强行喝水压下去！

吃饭时不能说笑

吃饭时，千万不能说笑。因为一旦说笑，食物在吞咽时，会厌软骨来不及遮住喉口，食物误入气管，就会引起急剧的咳嗽。

当昆虫进入耳朵时

丫丫正在午休，突然感觉有东西爬到耳朵里了。妈妈过来一看，发现真有一只小昆虫往丫丫耳朵里爬。“妈妈，赶快给我抠出来！”

“丫丫，不能抠。”妈妈安慰她，“抠会把昆虫吓得往里钻，损伤耳朵呀！我给你耳朵里倒点儿橄榄油。”随后，妈妈让丫丫耳朵朝上，往里面滴了几滴橄榄油，再让她耳朵朝下，没过一会儿，昆虫就被杀死掉了出来。

当鼻子进入异物时

小花不小心将一粒花生米塞进了鼻腔，这可把小花吓坏了。小花妈妈急忙让小花按住一侧的鼻孔，用嘴吸一口气，用力往外冲另一侧鼻孔里的花生米，经过几次擤鼻子后，终于把花生米给弄了出来。妈妈说：“另一个方法是，在鼻孔里涂点儿花生油或香油，再擤鼻子，也可能出来。再不行的话，就只有到医院请医生处置了。”

当眼睛进入异物时

丫丫对妈妈喊：“我眼里进了异物，眼睛好疼啊！”妈妈急忙赶来，说：“不要用手去揉眼睛，以防损伤眼睛。”随后妈妈倒了一杯清水，让丫丫把眼睛睁开浸在水里，多眨几下眼睛，异物竟洗出来了。

妈妈说：“也可以把眼皮翻开，用消过毒的棉签或纱布擦拭，把异物擦掉。”

当鱼刺卡在喉咙时

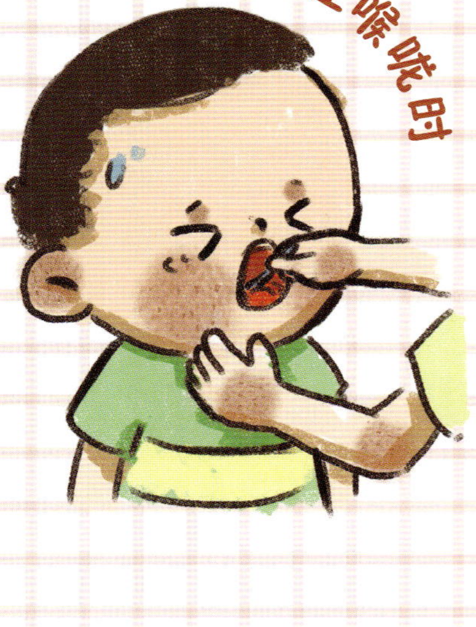

小强吃鱼，不小心被鱼刺卡住了。妈妈急忙说：“不要吞咽，往外呕吐！”小强对着洗手盆呕吐了几次，可没有成功。妈妈找来镊子，说：“你张开嘴巴，不要闭嘴！”几个回合，妈妈便用镊子把小强咽喉里的鱼刺给夹了出来。如果家长不会操作，可以带孩子去医院请医生处置。

看不到的危险

在日常生活中，往往有很多我们看不到的危险，所以会在不知不觉中受到伤害。那我们平时应该如何做好防范呢？

预防呼吸道传染病

我们如何预防呼吸道传染病呢？

妈妈对丫丫说：“为了预防呼吸道传染病，我们要注意室内通风，不去超市等人多的地方。避免与患病的同学接触。出行戴上口罩，加强锻炼，增强免疫力。一旦患病，马上就医。”

预防消化系统传染病

丫丫吃了过夜变质的食物，引起腹痛、恶心、呕吐、发热等症状。随后，妈妈告诉丫丫：“饮食要科学，不喝生水，不吃腐败变质的食物，不吃隔夜剩下的饭菜，不吃小摊上不干净的食物。”

预防螨虫

螨虫是一种身体很小、肉眼不易看见的微型害虫，对人体的危害比较大。妈妈告诉丫丫说：“为了预防螨虫，首先要保持卧室内清洁的环境，床单被褥要定期消毒，同时在太阳下暴晒，对卧室内的地面要经常清扫，室内要经常开窗通风。”

手脏时不吃东西

一天，丫丫在外面玩耍，肚子饿了，便跑回家伸手就要拿东西吃。妈妈见后，马上制止：“丫丫，你在外面玩耍，手很脏，怎么不洗手就要拿东西吃呢？”“妈妈，我看我的手上也没有什么，怎么不可以呢？”

妈妈语重心长地告诉丫丫：“人的双手含有1000万个以上的细菌。有些会使人得病，一旦你不洗手，拿东西吃，就会把这些细菌吃到肚子里，很可能患病。”

洗手的方法

丫丫听妈妈说不洗手的危害后，伸了一下舌头，做了一个鬼脸。“妈妈，怎么才算是科学洗手呢？”

妈妈说：“打开水龙头，将双手和手腕部分冲湿，再将肥皂均匀地涂抹在手心。接着按照指甲、指头、指缝、手心、手背、手腕的顺序反复清洗。再用清水将肥皂冲洗干净，最后用干净的毛巾将双手擦干。”

食物中毒

秋天，雨过天晴，丫丫和几个小朋友到山上去采蘑菇。家人吃后，都感觉蘑菇真鲜。但过了半个小时，丫丫出现恶心、呕吐、腹痛、腹泻等症状。妈妈见到后，说：“我们可能是吃蘑菇中毒了，赶紧到洗手间把手指伸进自己的咽部，不断搅动，引起恶心，把胃里的食物吐出来。再喝点儿食盐水，拨打120急救电话。”

动植物也有危险

动植物是人类的好朋友。但有不少动植物对人会有伤害，我们应如何提防呢？

被毒蛇咬伤时

丫丫的邻居王阿姨不小心被毒蛇咬伤。丫丫妈妈得知后立即拿来布带在毒蛇咬伤肢体的近心端（即靠近心脏的一端）约 5 厘米处进行绑扎。她说：“要每隔 20 ~ 30 分钟放松一次，以免肢体缺血坏死。可用清水、高锰酸钾溶液或盐水冲洗伤口。”

处理完伤口后，丫丫妈妈说：“在拔除毒蛇断在体内的毒牙后，可用刀片划破伤口或以毒蛇牙痕为中心做“十”字形切开，深达皮下，再施以挤压。也可用拔火罐、器械负压吸出等方法排毒，并及时就医。”

被蜜蜂、黄蜂刺蜇后

丫丫被蜜蜂蜇伤了。妈妈用镊子拔出毒针后，说：“可以用肥皂水、5% 的小苏打水或 3% 的氨水清洗。还可以将大蒜、生姜捣烂后取汁涂于伤口，或将韭菜洗净捣烂成泥状涂在伤口。”

随后，妈妈告诉丫丫：“若被大胡蜂及大黄蜂蜇伤，应立即用食用醋兑一半水，也可用 1% 的醋酸水或 3% 的硼酸水清洗伤口。”

被蚂蟥吸血时

丫丫下水田，小腿上叮着一只蚂蟥，她想往下拉。妈妈见后说：“丫丫，你不能强行拉蚂蟥，要拍打它，让它自己滚下来，或者用点燃的香烟烤它。”

被蝎子蜇伤时

暑假里小芳到农村的爷爷奶奶家住。一天她竟被蝎子蜇了一下，小芳痛得大叫起来。奶奶急忙拿来5%的碳酸氢钠溶液帮小芳涂抹上。随后，奶奶又拿来冰块儿放到患处，用来止痛并防止蝎毒扩散。蝎毒不容小觑，必要时应去医院就诊。

被仙人掌扎伤时

一天丫丫一不小心，手被仙人掌扎了，疼得她直喊。妈妈闻声赶来，紧忙找出一把镊子，把她手上仙人掌的刺拔了出来。随后，妈妈对丫丫说：“现在我用胶带把剩下的小刺粘出来就可以了。”

被蝎子草蜇伤时

小刚不小心被蝎子草蜇伤了，妈妈告诉他：“可以用肥皂水冲洗患处或涂抹碳酸氢钠溶液，以中和毒液。如果皮肤已经被扎破，则可以涂上浓茶液，以免受到感染。”

玩具隐藏的危险

没有哪个小朋友是不喜欢玩玩具的。但是你是否知道，漂亮的玩具竟隐藏着危险呢？

体积不大的玩具——易吞食

有些玩具比较小，如硬币、小刺球、小扣子等，切莫放进嘴里，以免误吃到肚子里，同时也不能塞进鼻孔和耳朵里，否则非常危险。

射击玩具——伤害大

玩具枪、水枪、弹弓、弓箭、飞镖等玩具，是借助外力来击中目标的，玩起来也容易出现伤害。小亚就是因为玩弹弓，打伤了小朋友的头。若发生意外，应及时将小朋友送往医院进行救治。

带绳子的玩具——易缠绕

带绳子的玩具比如溜溜球，在玩时绳子可能会缠绕在手指甚至脖子上，一旦缠绕时间太长，就可能出现危险。所以，选择这样的玩具，绳子最好不超过脖子的周长。

劣质发声玩具——伤听力

小范和妈妈逛街时看到有人卖喇叭玩具，他也想要一个。妈妈看后，发现喇叭发出的声音很大，很刺耳，是一种噪声，便说：“小范，我们到正规的玩具店买一个比较好的喇叭玩具吧，这个有噪声，影响听力。”小范听后高兴地点了点头。

玩具面具——有毒

一次，丫丫跟着妈妈路过玩具店，看到形形色色的玩具面具，丫丫忍不住也想要一个。妈妈跟丫丫说：“玩具面具是用塑料或木浆做的，有一些是不合格的材料，还有上色的颜料，都含有不少有毒的化学物质，对健康有害。这样的玩具我们能要吗？”丫丫听后摇了摇头。

氢气气球——易爆炸

在游乐场和公园，有人出售氢气气球。因为氢气是最轻的气体，也是易爆炸的气体，妈妈对丫丫说：“充氢气的气球易爆炸，很危险，丫丫不能玩！”

毛绒玩具——填充物不卫生

毛绒玩具种类不少，如小白兔、小老鼠、哈巴狗、大熊猫等。但在漂亮的外表里，它的填充物很多都不合格、不卫生，可能引发哮喘病、皮肤过敏等。一些劣质的毛绒玩具，它的眼睛、鼻子、扣子等都是用胶水黏上去的，可能划伤皮肤。

妈妈对丫丫说：“即便是合格的毛绒玩具，也要定期给它消毒哟！”

乘车的安全问题

现在，汽车越来越普及，成了我们重要的代步工具。但是你知道吗，汽车因为速度快，开车时有盲区，往往有不少安全隐患。

搭乘汽车要到指定的候车点

丫丫要上学了，妈妈带着她去上学。妈妈对丫丫说：“你上学就到这里搭乘公交车，等车停稳后再上车，经过5站就到学校了。上车时要把书包放到胸前，以防书包被挤掉，或被车门卡住。”

“我记住了，妈妈！”丫丫说。“不要去乘坐路边揽客的非法车辆。”妈妈嘱咐丫丫。

不能携带易燃、易爆等危险物品上车

因为公交车还没有来，妈妈给丫丫补上“乘车安全课”：“不能携带易燃、易爆物品上车，以防发生燃烧、爆炸，后果不堪设想。”

乘车时不能将头、手伸出窗外

妈妈对丫丫说：“在车上也有要求，不要挤在车门处，要往里走，找座位坐下，没有的话找一个空闲的地方站好，双脚分开，侧向站立，用手把住扶手。注意不能将头和手伸出窗外，以免被驶过的车辆、树木或建筑物刮伤。”

乘车不要在车上睡觉

丫丫和妈妈一起乘公共汽车去博物馆。妈妈看见有人在车上打瞌睡，便提醒丫丫：“在车上最好不要睡觉，一旦车辆突然来个紧急刹车，会使身体与车厢某些部位相撞，造成不必要的伤害。”

下车后不要急着横穿公路

妈妈领着丫丫到了离学校最近的公交站台便下车了。横穿公路时，妈妈说：“丫丫，横穿公路时，要先让公交车驶离，在左右没有安全隐患时，再横穿公路，切不可与车争道。”

不能在车后和车底下玩

爱玩是小朋友的天性。一天，丫丫跟几个小朋友在附近停车场的车后玩，妈妈急忙把他们叫到跟前说：“孩子们，不要在车后玩，也不能在车底下捉迷藏，汽车的有些位置是视觉盲区，一旦汽车驾驶员要开车走，没看到在盲区的小朋友，这是很危险的！”

户外玩水安全须知

对户外玩水，有不少小朋友很向往。但这里涉及很多的安全问题，严重的会有生命危险。小朋友应该特别注意哟！

没有家长陪伴不去玩水

到户外玩水，一定要有家长带领，否则是万万不能去的。

做好热身运动

游泳是一项剧烈的体力活动，要事先做好热身运动，如活动一下关节、伸拉一下肌肉等，以防因水温不同对肌肉和关节产生刺激，引起抽筋。

注意做好事前保护

游泳需要做到事前自我保护。如游泳时最好戴上耳塞，避免耳朵进水。一旦进水，及时将头部有水的一侧朝下，并单脚跳起，使其自然流出，再用干净棉签擦干。

游泳后往眼睛里滴几滴眼药水，以防急性结膜炎，俗称“红眼病”，也可以戴泳镜。及时漱口，因为游泳池里含有消毒剂，会损坏牙齿。

水中抽筋的自救

游泳时抽筋是常遇到的现象。爸爸告诉小强："若是手指抽筋，可以将手握紧，然后用力张开，反复几次，直到抽筋消失为止。如果是小腿和脚趾抽筋，先吸一口气仰浮在水面，用抽筋肢体对侧的手握抽筋的小腿或脚趾，用力向身体方向拉伸，并用同侧的手掌按压在抽筋肢体的膝盖上，反复几次，直到解除为止。若是大腿的话，深吸一口气，用双手抱住小腿，努力靠近大腿，再尽力伸开，反复几次。"

当游泳疲劳时

一旦游泳疲劳，距离岸边又远时，千万不要惊慌乱扑腾，可以深吸一口气，仰浮在水面，不活动休息一下，当体力恢复再游回岸边。再不行就大声呼救："救救我！"

当有人前来施救时，应举起一只手让对方抓住，千万不能紧紧抱住对方，否则很可能两人都有危险！

当遇到有人溺水时

当你发现有人溺水时，要大声呼救："救人啊！有人溺水啦！"小朋友们千万要注意，我们不能因救人心切，自己盲目下水或手拉手施救，以免自身也发生危险。